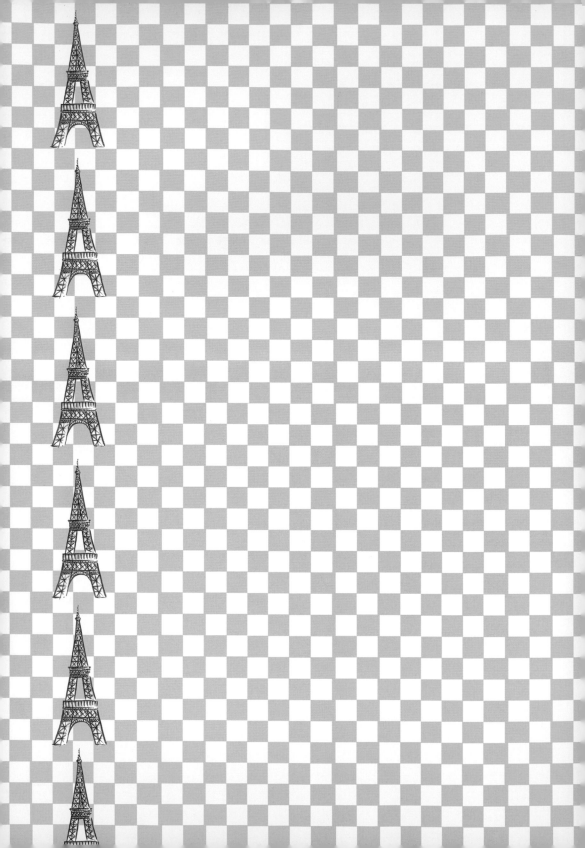

巴黎幸福廚房

攝影◎山下郁夫
採訪撰稿◎hirondelle
翻譯◎楊明綺

PARIS STYLE KITCHEN&DINING

和煦陽光遍灑的廚房和飯廳裡，

回響著家人的幸福笑聲。

本書介紹各式各樣巴黎家庭的廚房和飯廳。

有的擺飾各種從巴黎跳蚤市場挖寶來的雜貨，

或是貼上懷舊海報、畫作等，營造特殊氛圍，

有的則是敲碎從跳蚤市場買來的盤子，做成牆上的拼貼裝飾。

還有位刺繡藝術家，

則是將她精心完成的美麗作品，變身為家中別具風格的擺飾。

不管住的是公寓，還是獨棟房子，

巴黎人都會在庭園、陽台栽植花木、香草和蔬菜，

打造一處能讓人心情放鬆的小天地。

與家人好友一起在庭院享用早餐，天南地北地閒聊。

營造溫馨的生活空間與幸福的家庭生活，

就從廚房與飯廳開始，

這就是巴黎人的生活美學。

CONTENTS

Paris Style Kitchen & Dining

Sandra Mahut 料理設計師

以開放式廚房為中心的空間設計，氣氛格外溫馨

對來自南法，一直都是住在公寓的Sandra來說，巴黎的居住環境並不理想。於是一直渴望能搬到綠意盎然，環境更悠閒舒適的她，在市郊Montreuil地區買了一棟房子。Sandra與建築師友人商量之後，決定將原本是鈕扣工廠的建築物，改造成以廚房為中心的開放式空間。經過六個月的改造工程，工廠搖身一變為擁有開放式廚房的溫馨之家，還有能看見戶外隨風搖曳的樹葉，採光良好的飯廳，一切是那麼的舒適溫馨。

對身為料理設計師，常常在家研究料理的Sandra來說，廚房的收納原則就是方便拿取購自世界各國的食材以及各式廚具。Sandra說：「我喜歡一眼就看到東西擺在哪裡，這樣不但方便拿取，也能作為室內的擺飾」，兼具美觀與實用，就是Sandra的廚房美學。流理台上看似擺了一大堆東西，其實是非常機動性的擺置。瓦斯爐上方牆面裝了一根桿子，掛了一些廚房用品。用來區隔廚房與飯廳的吧檯桌，也能作為流理台。

廚房與飯廳交界的牆上，裝飾著購自巴黎跳蚤市場的COOK字樣，呼應女主人廚藝一把罩的形象。

喜歡旅行的Sandra，收集來自世界各國的湯匙。除了英國、荷蘭、西班牙、法國等歐洲各國，還有來自摩洛哥的湯匙。雖然Sandra還沒去過日本，但喜歡可愛物品的Sandra說，日本是她最想去的國家。利用壁架與鉤子收納色彩繽紛的杯子與小鍋子，不失為一個好方法。吧檯桌面貼上磁磚，料理起來很方便。

牆面貼有磁鐵式刀具收納板，方便收納刀子。看似不起眼的火柴盒也是具有畫龍點睛之效的裝飾品。

Smeg（豪山牌）粉紅色冰箱可愛又實用，是Sandra搬進來時買的家電，很符合她的風格。還有個大容量的餐具櫃，裡頭擺滿的盤子、杯子等，都是不可或缺的工作用具。黑板上記錄著每天的工作排程，還有一些待辦事項，像是購買食材、重要的約會等。照片中的小寶寶是Sandra弟弟的小孩。右下圖的餐具櫃收納來自世界各國的食材，方便隨時取用。右頁則是明亮的飯廳，桌上鋪著可愛的粉紅白格紋桌巾。

Coco Fronsac 藝術家

利用從跳蚤市場挖寶來的盤子，打造別具拼貼藝術風格的廚房

成長於藝術世家的Coco，本身也是一位非常活躍的藝術家。當我們踏進這間她與同為藝術家的先生，還有寶貝兒子住的宅邸廚房時，真的是驚嘆連連。Coco將每個禮拜去跳蚤市場撿來的破盤子敲碎，花了六年時間才完成牆面的拼貼藝術。廚房牆壁儼然成了大畫布，猶如一幅驚豔萬分的畫作，除了佩服藝術家的毅力，也感染到無比的充實與幸福感。

「你們看！」Coco笑著告訴我們她的巧思，原來時鐘底下還藏了個時鐘！明明盤子的款式、花色都不一樣，卻能打造出十分協調的可愛風格。

將撿來的盤子敲碎，拼貼於牆上，整間廚房看起來就像一幅別具巧思的藝術創作。花了六年時間才完成這一處夢境空間，讓人有置身畫中的錯覺。餐具櫃的櫃門內側貼的是從跳蚤市場蒐集來的白鐵招牌，櫃子裡放著盤子、杯子、玻璃杯等餐具，以及各種裝著零食與茶葉的白鐵罐。

廚房全景。L形流理台方便又實用，抽油煙機上頭擺飾著在跳蚤市場挖寶到的東西，尤其是最左邊那個叫pipiou的小玩意，它可是七〇年代青豆罐頭的廣告吉祥物，造型十分可愛。

流理台上整齊地排放著古董級密封罐和壺子，用來收納一些廚房用品，增添不少溫馨氣氛。還可以坐在廚房裡享用早餐，或是喝杯茶，擺在桌上的美味手工餅乾可是出自喜歡做甜點的女主人之手。充滿原創趣味的廚房，是一處能讓人放鬆心情的空間。朋友來家裡玩時，常常坐在這裡聊到忘了時間。我們坐在這裡採訪，也覺得十分舒服愜意。

收藏卡片、照片等寶貝的盒子。最前面那張明信片就是Coco的作品，她的作品可愛又帶點復古風，感覺非常溫馨。下圖這處小吧檯不但是家人一起用餐，也是和三五好友聊天的地方，同樣也是藝術家的男主人還會親自調製雞尾酒款待客人，再放些爵士、R＆B、古典樂，甚至是搖滾樂等背景音樂。Coco偏好30~40年代的搖擺樂，更能營造出老巴黎的小酒館風情。

右上圖那本厚厚的筆記本，密密麻麻地寫著女主人拿手的料理食譜。左上圖則
是在跳蚤市場找到的白鐵罐。左下圖是八歲的愛犬帕米爾。在法國，貓狗的名
字通常是取自牠們出生年的頭一個字母。因為帕米爾是P年生的，所以Coco幫牠
取名為帕米爾。右下圖是連接地下室和一樓的樓梯，牆上裝飾著Coco的作品，
這處採光良好的空間猶如畫廊，樓梯旁就是令人驚豔的廚房。

藝術家

將泳衣工廠改造成舒適的居家空間

Isadra的家，原本是泳衣工廠的頂樓。她和從事攝影工作的德籍先生Uve，以及一歲半的兒子Juris，一家三口住在這一處起居室有300m²，庭院為200m²的寬敞空間。利用工廠留下來的裝潢，改造成舒適空間的這個家，是以白色與原木素材為基調，營造出溫馨氣氛。餐廳、飯廳與客廳都是連在一起，沒有任何隔間，因此巧妙地利用蘋果綠吧檯作出隔間效果，氣氛更活潑。

寬敞的起居室也是兒子Juris的遊戲間，屋內裝飾著旅行世界各地買的紀念品。

廚房與飯廳。和煦的陽光從成排窗戶流瀉進來，讓人覺得溫暖又舒服。起居室一角擺了個撞球桌，飯廳則是擺置一組黑色皮沙發，營造沉靜氣氛。窗台放了許多小東西，隨處可見藝術家的巧思。

廚房是以白色系統廚具為基調,感覺十分清爽。瓦斯爐、流理台的前方牆壁貼上大片磁磚,牆壁上的置物架非常實用。作為隔間的蘋果綠吧檯,讓整體氣氛更顯活潑。

櫃子裡的瓶瓶罐罐依顏色排放整齊,以及色彩鮮艷又可愛的廚房用具與雜貨,其中還有Hello Kitty的面紙。原來女主人的弟媳是日本人,送了這個來自日本的雜貨,果然連外國人也難以抗拒日本貨的魅力。

箱子裡裝的是Isadra以蘿莉塔風格(可愛少女風格)為題的作品,十分獨樹一格。她的作品經常受邀於巴黎畫廊展出。

左圖的置物架上排放著裝有工作用具的玻璃罐,數量之多,令人嘆為觀止。

多是色彩繽紛、造型可愛的餐具。男
主人Uve是專業攝影師,曾開車遍行
130個國家,拍下1000個家庭的風貌。
他的攝影集《1000 familles》由德國
Taschen社出版,家中許多雜貨就是他
環遊世界的戰利品。
左圖的收納櫃十分實用,可依素材分
門別類收納。

Alfonso Vallès 藝術家

多功能的簡約風格廚房，是全家的休憩之所

畫家Alfonso與太太Virginie、兒子Leon，和Sandra住的是同一個社區。他與從事造型設計的太太花了一年半多的時間，打造出夫妻倆理想中的時尚居家空間。以銀色為基調，洗練的都會風格，演繹出沉靜的氛圍。雖然位於最裡面的廚房布置得十分簡潔，但功能性十足。飯廳與客廳相連，方便邊聊天、邊料理。

色調統一的廚房是一處讓人放鬆的地方，古董抽屜的設計也為看似冷調的氛圍增添一股暖意。下圖的水龍頭是浴室用的古董水龍頭。靠牆處還特地設計一處容納冰箱的地方。流理台上方設計了兩層置物架，收納各種餐具，一目了然。

上圖是裝礦泉水的容器，下圖是寫著法文
「我、你、他、她」的文字遊戲板。

活用在古董家具店買的矮櫃，區隔出客廳、飯
廳與廚房，而且附有抽屜，非常實用。左圖是
利用冰箱旁空出來的空間，設計成層架式的收
納空間，可收納每天都會用的盤子、礦泉水容
器，以及食譜等。

廚房與客廳相連。中間那根鋼架
是鈕扣工廠原有的裝潢。沙發和
椅子採同款設計，營造出簡約氛
圍。右圖是從二樓俯瞰廚房、飯
廳和客廳，巧妙地區隔這三處空
間。採光良好的飯廳旁有扇通往
庭院的落地窗，寬敞的庭院也是
Leon奔跑玩耍的地方。一家人也
會趁著好天氣，在庭院裡用餐、
喝茶，度過悠閒時光。

廚房牆上掛著的LA字樣，也就是拉丁文「那裡，這裡，那裡」，意即廚房是家裡最重要的地方，不難想像一家團圓，和樂融融的景象。二樓則是臥房等私人空間。

Virginie將叉子和刀子的圖片印在不同顏色的紙上，
做出別緻的餐墊。只要花點心思，生活就能變得更
有趣。從事造型設計的她，曾造訪日本不少次。
Alfonso、Leon、Virginie的全家福。

用來裝法國麵包的紙袋上，貼著印有「麵包」字樣
的貼紙，真是超有創意的點子。

Sonia Lucano　設計師

打造一個家族同樂的居家空間

Sonia住在巴黎市郊的Montreuil地區，因為這一帶多是工廠，連帶地住宅空間也很寬敞，所以這裡成了藝術家的最愛。Sonia和先生Frederick，以及兩個孩子居住的房子建於1900年，夫婦倆一手包辦屋內所有裝潢。色調統一，採光良好，加上Sonia精心挑選的擺飾，打造出寬敞又舒適的居家空間。

飯廳一隅。桌椅是在巴黎大型日用品連鎖店CASTORAMA買的，因為桌腳、椅腳的油漆有些斑駁，所以塗上自己喜歡的顏色，美化一下。

上圖是Sonia一直很想買的Charles Eames設計的
椅子，於是上ebay網購買，紀念結婚十周年。
還有這個放著每天都要使用的餐具，已經用了
十年的餐具櫃，也是結婚賀禮。擺上幾張用拍
立得隨手拍的家族照片，就成了創意十足的擺
飾。

Sonia很少用色彩鮮艷的擺飾妝點家中，左上圖的那盞立燈算是例外吧！

屋內各角落都布置得別具特色。窗戶與門中間的細長牆面，掛了幾幅畫，還擺置一張高腳椅，還有樓梯下方也靠牆擺著一張椅子，處處都有叫人驚豔的巧思。

門把上掛著可愛的心形盒子，裡頭塞著結婚時，許下心願的小紙條，好浪漫啊！Sonia有兩個分別叫Angers和Nina的女兒。

在寬敞的庭院擺置桌
椅，方便全家人一起
享受戶外用餐的樂
趣，也可以坐在這裡
工作。對Sonia來說，
這裡是激發她創作靈
感的重要地方。
原來油漆斑駁的椅子
和架子，還有更時尚
的用途呢！

Dominique Turbé 設計師

室內裝潢猶如打開收集了許多可愛小物的潘朵拉寶盒

從事造型設計的Dominique住在電影《艾蜜莉的異想世界》裡的Montmartre區附近，這一帶是最有巴黎市井風情的地方。道地巴黎人的Dominique是位像艾蜜莉般可愛的女性。這間房子原本是製作家具的工作室，在喜歡可愛小物的女主人妝點下，搖身一變為充滿驚喜的潘朵拉寶盒。

雖然廚房空間不大，卻擺滿許多可愛的小玩意。掛在最裡面牆上那些色彩繽紛的零嘴都是喜歡旅遊的她，從世界各地收集來的戰利品，因為實在太可愛了，乾脆直接掛在牆上當裝飾品。

這房子四處都有貼心的設計，打造更舒適的居家空間。像是打掉樓梯與廚房交界處的部分牆壁，裝上欄杆與透明玻璃，不但採光良好，空間看起來也比較寬敞。

瓦斯爐前方牆面裝上桿子，可以掛些鍋子等廚具，方便拿取。飯廳的氣氛明亮又有朝氣，牆上還掛著一塊壁毯，營造時尚感。

客廳一角擺置著五○年代款式的咖啡座桌椅，感覺十分時尚。看得到庭院的一整排窗戶，打造出
這處採光良好又舒適的空間。

明明是隨意擺放的東西，看起來就是很有品味。Dominique的房間採光良好，十分明亮。當初裝潢時，首要要求就是屋內的採光要好，所以窗子的配置都經過設計。樓梯的牆面開了扇天窗，通往外頭庭院的門和窗戶還裝上紗質窗簾，方便眺望庭院景色。

通往二樓階梯前方的門，漆上鮮
豔的黃色，營造出活潑氣圍。樓
梯上擺了幾盆觀葉植物和小狗的
擺飾。利用樓梯盡頭那面牆壁上
方的小空間，擺上各種顏色的馬
克杯，別具時尚感。

Dominique的臥房。衣櫃放著好幾個印有大花圖案的收納盒,白色基調的空間搭配薄荷綠,可愛又時髦。一般法式鄉村風的衣櫃多是原木色,但她房裡的衣櫃是少見的白色。

工作室的牆壁和門也充滿了童趣，牆上裝飾著一把大剪刀，門上則是花與花瓶的拼貼圖案，讓門看起來就像一幅畫。

左圖是洗手間。牆上貼滿照片和明信片，讓上洗手間成了件愉快的事。床頭上方擺滿小東西。

面向客廳的中庭停著Dominique心愛的自行車。道地巴黎人的她，代步工具就是自行車，因為巴黎很會塞車，所以自行車是最方便的交通工具。天氣好的時候，可以坐在庭院享受悠閒的午茶時光。

牆上的肖像畫是畫家朋友繪的，繪的是Sophie的三個兒子Antoine、Vitor、Arthur。

Sophie Delaborde 刺繡藝術家
和煦的陽光讓溫馨的空間更顯明亮

知名刺繡藝術家Sophie的家，位於巴黎市郊綠意盎然的Sceaux區。這棟六年前找到的房子建於1936年，為了配合院子裡茂盛的植物，索性將原本粉紅色調的房子外牆漆上珍珠綠。室內也搖身一變為採光良好，猶如畫廊般充滿藝術感的空間。廚房、飯廳、客廳，四處都看得到Sophie的刺繡作品和收藏小物，室內氣氛更顯溫馨。

喜歡下廚的Sophie，連廚房也很有可愛小女人風格。牆上掛著她的作品，小巧置物櫃上放著從巴黎或是其他地方的跳蚤市場尋寶到的東西。廚房地板鋪的是仿紅磚的地磚，營造出悠閒的鄉村風格。

木製小置物櫃可以放些水
果茶與砂糖等,平日常用
的東西。從小就常和爸媽
去逛跳蚤市場的Sophie,
可是十足的跳蚤市場迷。
習慣空手出門的她,深信
要是沒有空手去逛跳蚤市
場,肯定尋不到寶。位於
廚房最裡面的流理台十分
寬敞又實用,右下圖的
抽屜式小櫃子,也是出自
Sophie的巧手,先將古董
小櫃子重新上色,然後抽
屜部分貼上印花布,便大
功告成了。

偌大的餐具櫃裡擺滿了Sophie最愛的餐具，有在跳蚤市場
找到的古董餐具，也有代代相傳的珍貴餐具，每一個都
有段重要的回憶。還有每年限量販售的彼得兔餐具，也
是收藏品之一。其中年代最久的是已經有三十多年歷史
的餐具。

大冰箱上貼滿孩子們在學校做的勞作。一旁拱形牆上掛著在二手店找到的五○年代用的溫度計。右下圖是在Bretane跳蚤市場買的馬克杯專用收納櫃，用來收藏咖啡歐蕾碗剛剛好，Sophie最喜歡的杯子是從右上方數來第二個，有燕子圖案的杯子。還有五○年代的鐵製噴壺，是當時小孩子去海邊玩時，一定要帶的玩具。下方中間用燕子造型的洗衣夾吊起來的小藍子，也是五○年代的東西。陶罐裡插著每天都會用到的木製刮刀等器具。就連隨手掛上便條紙和鑰匙的掛鉤板，看起來也超可愛。

廚房緊連著飯廳。受到喜歡舊東西的父母的影響，家中很多都是代代相傳，蘊藏著許多回憶的家具。

活用寬敞的客廳，讓家具的擺置更具功能性，打造出舒適的空間。以古董家具為主的起居室，整體氣氛沉穩又不失時尚感。

用玻璃取代牆壁，連結室內與庭院
的設計，即便很晚也不用開燈，屋
內依舊明亮。打開玻璃門，映入眼
簾的是一片綠意的庭院。

桌上擺著Sophie收藏的古老繡線與古董卡片，竟然還有1890年代的
珍藏品。這些都是她工作上會用到的東西。出版過好幾本手工書的
Sophie是位知名刺繡藝術家，個性溫柔，有點害羞的長子Antoine，
和愛撒嬌的老么Arthur，一起展示媽媽寫的書給我們看。

Mayumi Chijiwa 網路商店賣家

活用北歐家具與生活雜貨，打造溫馨舒適的家

Mayumi經營的網路商店都是販售來自法國、北歐設計師設計的生活雜貨、飾品等。他們家是棟三層樓建築，室內裝潢走的是簡約溫馨風。一樓是廚房與飯廳，二樓是客廳，三樓是臥房。廚房用的是造型簡約，方便整理，容量大，收納功能又強的系統廚具。不管是挑選商品，還是採購居家用品，Mayumi的品味都是一流。丹麥、法國、日本製家具，加上各式各樣的生活雜貨，打造出絕佳的居家空間。

www.petitdeco.com 這是Mayumi經營的網路商店petitdeco，專門販售來自法國和北歐的設計師設計的生活雜貨、飾品等。網頁設計是由專業的美術設計Marian Beck一手包辦。販售純手工，很有溫馨感的居家生活雜貨，也有很多來自日本的新品，還請大家務必捧場喔！

廚房旁邊的溫馨角落，中間那把木頭小椅子是從前學校的課桌椅，購自丹麥的二手尋寶屋，也是兒子Leo的專屬椅子，也有很多丹麥製木頭玩具。喜歡下廚的爸媽在廚房忙碌時，兒子就在這裡玩。廚房的流理台設計簡約，功能性強，散發濃濃的北歐風。

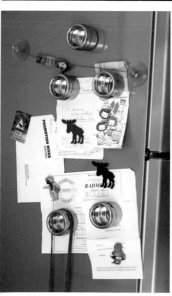

利用吧檯區隔廚房與飯廳,放上用長盤子裝的新鮮水果盤,頓時成了吸睛焦點。設計簡約大方的器皿與花器,都是網路商店petitdeco販售的商品。流理台牆上釘一個收納刀子用的磁鐵架,右下圖的起司研磨器是丹麥製品,由設計師Ore Jansen設計的研磨器體積大又好握,非常實用。冰箱上貼了許多留言,馴鹿造型的磁鐵是聖誕節時,在瑞典的Souvenir Shop買的。

上圖是廚房旁邊的飯廳，可以眺望廣闊的庭院。隨意擺上幾件北歐風小物，品味立現。二樓是採光良好又寬敞的客廳，白木地板搭配木桌，溫馨感倍增，循著白色樓梯上去就是三樓的臥房。

Mayumi和她的先生Fleming，
以及可愛的兒子Leo。

左圖的茶具組是知名老牌Royal Copenhagen，這套茶具可是男主人家的傳家寶，十分珍貴。黑色吊
燈是知名品牌Holmegaard，購自男主人老家附近的古董精品店。白色餐具櫃是在跳蚤市場挖到的
寶，上頭擺置的白色餐具則是Mayumi經營的網站商店販售的商品。

Hiroko Mouri 攝影師

在都市中追求一處自然溫馨的空間

喜歡自然的Hiroko找到這棟完全符合她的條件，位於巴黎16區市郊Boulogne森林旁，獨門獨戶，溫馨又舒適的公寓。「用自己喜歡又舒服的東西」是她的居家裝潢哲學，因此家中擺飾頗有個人風格。雖然空間不是很大，氣氛卻溫馨無比。

這是Hiroko自己做的置物棚架，擺放一些每天都要用的餐具，有古董餐具，也有時髦新品，只要看上眼都OK。廚房小而美，極富功能性。喜歡做西點的Hiroko還買了很多餅乾模型，隨意擺在桌上便成了有趣的裝飾品。

流理台下方的櫃子放了幾個透明塑膠盒，方便收納雜貨。

飯廳一角。朋友的孩子來家裡玩時，畫了花的圖案，還用剪刀剪下來送給Hiroko，沒想到掛起來竟成了美麗的裝飾品。這些都是Hiroko每天都要用它喝一杯熱熱的咖啡歐蕾的碗。款式簡約卻不失溫馨感的餐桌椅是瑞典設計師Jacobsen的作品，聽說他家裡也是使用這一款餐桌椅。

Sawako Ishitani 設計師

充滿驚豔巧思的居家裝潢

身為施華洛世奇包款設計師，也是水晶設計界名人的Sawako，就住在巴黎20區的公寓。「打造一處舒適天地」是她的裝潢主題。最喜歡待在廚房的Sawako，發揮個人品味，打造了一處非常舒適的居家空間，隨處可見讓人驚豔不已的巧思，請大家瞧個仔細吧！有很多可以參考的妙點子喔！

活用熱水器與柱子之間的空隙，設計置物棚架，放些五○年代的小酒館杯子，還有男友Pepe最喜歡的哆啦A夢、哆啦美造型叉子和湯匙等。

掛著廚具的置物桿，看起來時尚又實用。還有這個利用廣告傳單做的垃圾筒，是在設計小鋪買的，價格十分便宜。用黃色玻璃代替磁磚的流理台牆面也是一處巧思，閃閃發光超漂亮。

洗碗槽附近收拾得非常乾淨，看不見多餘的雜物。接下來為大家介紹一下Sawako如何運用雜貨，巧妙地妝點家中吧！各種顏色的便條紙也能成為亮眼的擺飾，將廚房的一面牆刷上黑板用的漆，便能當成留言板使用，然後貼上黑白色調的海報與插畫，既時髦又有品味。舊盒子裡裝的粉筆是Pepe先生在跳蚤市場找到的寶，各種顏色的粉筆擺在一起，光看就很賞心悅目。活用UNIQLO裝T恤的盒子放廚房紙巾。桌上擺的新娘新郎共騎機車的古樸飾品，暗示著兩人即將步入紅毯。而旁邊充滿異國情調，摩洛哥製的碗購自Etienne Marcel專賣雜貨與食品的市場。

氣氛沉靜，風格時尚的客廳一角。黃色的鹿
造型擺飾是Sawako結束CASTELBAJAC事務
所的工作時，公司送給她的紀念品。窗外有
個小陽台，種了鼠尾草、薄荷、馬鈴薯等，
成了一處別有洞天的休憩空間。

工作室一隅。牆上貼著裁切下來的雜誌圖
片、照片、海報等，這裡也是她工作時的靈
感來源。

女主人Sawako就站在客廳的櫃子旁邊，是位
非常有魅力的女性。

廚房牆上掛著許多在跳蚤市場找到的老招牌，重現老巴黎的小酒館風情。料理一手好吃的法國菜，喜歡下廚的女主人時常招待三五好友來家裡聚餐。

Pascale Brignani

在綠意圍繞的懷舊氣氛中，享受愉快的生活

個性爽朗的Pascale是道地的巴黎人，她和家人、兩隻貓，以及一隻老鼠，住在電影《艾蜜莉的異想世界》的舞台，巴黎Montmartre山腳下的18區。電影裡出現的Rue Lepic街上的蔬果店和肉店，都是她常去光顧的店家。Brignani一家人住在這間面積有150平方公尺的寬敞公寓，已經二十年了。上下兩層樓，各有一個庭院。喜歡懷舊風的她，最喜歡逛跳蚤市場尋寶，將家裡布置成電影裡那種充滿老巴黎風情的小酒館。

塞滿各種餐具的餐具櫃是二十年前在Clignancourt的店，依照喜歡的素材、尺寸訂製的，可是廚房不可或缺的家具呢！也有不少是從跳蚤市場買來的餐具。

一家人每天聚在一起享受美食的餐桌四周,也掛滿了懷舊風海報,
還有很多懷舊風的擺飾。

客廳也是掛滿了裱框的懷舊風海報和畫。每一件古董都蘊藏著一段歷史，讓整體氣氛更顯沉靜。
而且用的多是間接照明，晚上燈一開，更有情調。

上圖的大櫃子和廚房的餐具櫃一樣，都是在Clignancourt的店訂製的，四周擺放的都是長時間收集來的東西。櫃子旁的鏡子是1920年代製的古董鏡，可是代代相傳的傳家寶。還有evian以及vittel每年聖誕節都會出的限量玻璃紀念瓶。現在在日本也買得到evian的限量紀念瓶，有興趣的人記得聖誕節快到時，要留意一下哦！

上二樓的樓梯牆上也掛滿許多懷舊風海報，猶如擺滿古董畫的畫廊。

Brignani家的庭院種植著紫丁香、茉莉花、竹子，甚至連日本的櫻花樹都有。每到花開時節，就成了花香處處的美麗景象。不過，為了享受這般賞心悅目的美景，可是花了不少心思呢！對於假日時，也常去郊外玩的Brignani一家人來說，徜徉大自然中也是生活的一部分。

Anais Pachis　學生

與家人住在猶如山中小屋的巴黎公寓

與家人住在巴黎15區的Anais，是個芳齡18的活潑少女。一家人住的公寓，可是巴黎少見的山中小屋風格，屋內靈活運用了頂樓的隔間特色。不管是柱子還是橫樑，幾乎都是使用原木的裝潢，粗獷中不失溫馨感。因為有很多天窗和窗子，所以採光非常好，愛貓Plume老是從天窗溜出去，跑到屋頂享受日光浴。

哥哥Pascal超喜歡下廚，
不管是法國菜、中國
菜、越南菜、還是非洲
菜，都難不倒他，實在
太厲害了！而且口感有
Anais掛保證呢！總之，
最常待在廚房的人就是
他。

很多都是質感樸實的彩繪餐具。
因為全家人都喜歡旅行，所以有
很多餐具是從世界各地帶回來
的。有去突尼西亞旅行時，帶回
來的一些壺子。最左邊裝橄欖油
用的壺子，是在南法的Vacances買
的。

桌子、椅子，還有矮櫃都是自然的原木素材，
很符合房間的風格。

這套陶瓷餐具可是從祖母時
代就傳下來的寶貝，每天的
午茶時間或是客人來訪時，
都會派上用場。

活用柱子的飯廳一隅。桌面貼的
是素陶瓷磚，散發一股質樸味。

氣氛溫馨的客廳一角。傾斜的天花板上開著天窗,採光良好,洋溢著山中小屋的質樸氣息。

Anais的臥房小而美，樑上還有玩偶排排坐，很有年輕女孩的可愛風格。床單顏色是她最喜歡的顏色，掛在天花板上的帽子是Anais旅遊世界各地的戰利品，星形綴飾是在沙烏地阿拉伯當醫生的爸爸送的。下圖是當醫生的祖父在世時使用的書桌，可是拿破崙時代製造的古董家具，現在則是全家人寫東西、看報紙的地方。

Matthieu Dumas 料理設計師

打造一處以廚房為中心的空間

Matthieu出生於有很多藝術工作室的巴黎9區，現在這裡可是最受巴黎年輕人喜愛的時尚區，不少藝術家都住在這裡。Matthieu說他六年前在找房子時，偶然來到他小時候住過的9區，發現這棟建於1905年的樓中樓公寓。除了保留原有的樑柱與樓梯，其他內部裝潢都是Matthieu一手包辦。喜歡下廚的他，特別將廚房好好地改造一番，利用木材和紅磚，打造出一間風格自然又舒適的空間。

喜歡下廚的Matthieu身旁總是圍繞著一群好友。身為料理設計師，大部分時間都待在廚房的他，利用木材和紅磚打造出一處採光良好，小巧精緻，以開放式廚房為中心，不至於太過時尚的巴黎風住居。

廚房收納講求的是一目
了然，拿取方便。整理
得井然有序，又不失溫
馨感的廚房，呼應了
Matthieu的個性。最近他
正負責企劃一間以電影
《艾蜜莉的異想世界》
為訴求的本地餐廳。
Le Moulin de galette
83,rue lepic 75018 paris
Tel：01 46 06 84 77
www.lemoulindelagalette.fr

天花板上的柔光照明溫暖地遍灑室內，演繹出氣氛沉靜又溫馨的客廳。下圖是沙發一隅，另一邊放著一台大電視，新婚的Matthieu夫妻常坐在這裡，享受屬於彼此的悠閒時光。

餐具櫃裡放著平日常用的餐具，
最下層作為迷你酒庫，塞滿了酒
瓶子。這些酒可是Matthieu招待
友人或是下廚料理時，不可或缺
的素材，細心的他會配合料理挑
選適合的酒類。靠牆的櫃子上放
著餐巾、食譜和餐墊。

Matthieu常坐在靠窗
擺置的書桌前，構思
食譜，發想企劃。
右下圖是櫃子的最上
面一層，油漆斑駁的
木頭質感頗有懷舊
風。

洋溢法式風情的庭院。悉心照料出滿院子的綠意，天氣好時，坐在戶外用餐真是人生一大樂事。

Aki Takahashi 刺繡藝術家

家中就有一處愜意又舒適的露天陽台

刺繡藝術家Aki和愛犬一起住在巴黎近郊，以綠意著稱的Sceaux。因為不少住在這裡的
貴婦都是刺繡的愛好者，所以Aki的朋友多是喜歡刺繡的同好，大夥常聚在一起邊聊
天，邊刺繡。因為工作的關係，Aki的生活就是和一大堆從跳蚤市場，或是布店買來的
布疋為伍。屋內擺飾也隨處可見她的作品，成了一處溫馨又有女人味的空間。

公寓門前有株大樹，Aki每天早上都會坐在露天陽台享受美味的早餐。

麻雀雖小，五臟俱全的廚房。喜歡下廚的
她常邀三五好友來家中作客，大展廚藝。
拿手好菜有義大利麵、沙拉，再配上美
酒，就是一頓令人垂涎的晚餐！

Aki不但研究刺繡，也教人刺繡，她覺得教
導別人讓她很有成就感。當她窩在家裡用
電腦設計刺繡圖案時，就是愛犬Chobi最開
心的時候，尤其是連著好幾天看家之後，
Chobi更是寸步不離地跟著她。

Aki經營的網站商店Jeu de Fils，有些是只
能在法國才買得到的手工藝材料，也有販
售很多與手工藝相關的新舊雜貨。
www.jeudefils.com

Chobi最喜歡窩在床上，乖乖地等主人回家。不管是牆上還是房間一隅都掛有Aki的作品。繡線也能成為居家布置的一個亮點。

hirondelle的
巴黎雜貨報導

由住在巴黎的hirondelle為大家介紹巴黎的最新雜貨訊息，
以及一些值得逛逛的魅力店家。

我的巴黎——愛上巴黎的雜貨

hirondelle

　　定居巴黎九年的我，採訪過各式各樣的店和跳蚤市場，找尋叫人著迷的雜貨。猶記得自己初來巴黎時，邊努力對照旅遊書和巴黎地圖，邊找尋想去的店家。我一直覺得世界上再也沒有比日本出版的旅遊書更貼心、更好用的旅遊工具書了。因為書裡不但蒐羅許多連當地人都不見得知道的情報，而且連美術館的相關資訊、如何搭乘地下鐵，甚至連如何買車票都有詳盡的介紹。

　　巴黎是法國的代表，也是流行資訊的發信地。然而實際走在街上，你會發現道地巴黎男女的穿著打扮其實很隨興，頗有個人風格，不會特意跟隨流行。就像法國名導尚盧高達的電影《斷了氣》裡，女主角珍·西寶穿著緊身七分褲的可愛模樣，要是她現在這副打扮漫步巴黎街頭，也不會有絲毫格格不入感吧！

　　巴黎的店也是一樣，雖然有很多新開店，但很少有那種因應流行而開，做不到一年就關門大吉的店家，當然雜貨店也是如此。尤其是一些深受當地人青睞的店家，像是咖啡館、小酒館、蔬果店、甜點店、麵包店、肉店、起司店、專賣酒的店、書店，以及文具店等，這些生活中不可或缺的商店，有不少可是從老阿嬤那一代就開業的店家呢！

Vanves的跳蚤市場
Marc Sangnier大道 metro / Porte de Vanves 週末假日（週一有時也是）會從早上九點開到下午三點。

此外，巴黎也有很多小而美，十分可愛的個性小店，而且都是那種道地的巴黎歐巴桑一個人悠閒看店的小店。好幾年後，當你再次經過店門口，看到依舊是同一個歐巴桑看店，會有一種難以言喻的興奮感，這就是巴黎的特色，巴黎的可愛之處。

巴黎有很多超有特色的店，像是鈕扣專賣店、門把專賣店等。這是因為法國人對於服飾和室內裝潢等各方面都很講究的緣故，追求自己喜歡的風格就是他們的生活方式。

這次我們採訪的住家，也是那種就連一個門把都是費心找尋，才能打造出充滿個人特色的家。我想，正因為如此講究才能創造獨特又亮麗的居家空間。

至於要到哪裡才能找到原創又有特色的東西，當然非跳蚤市場莫屬了。我有時會漫無目的地逛逛跳蚤市場，或是為了找某個東西特地去一趟。無論工作還是生活，跳蚤市場都是我生活中不可或缺的一處尋寶好所在。看到攤位上那些直接從家裡帶來賣的餐具還沾著泥土，或是還有塊髒汙的布面，就會忍不住想像自己把這些東西帶回家，洗乾淨之後拿來用的快感！看到喜歡的餐具櫃或書櫃，也會雀躍地想像它們成為家中的一部分。

巴黎有幾個頗具規模的跳蚤市場，但我最喜歡的就是開在14區的Vanves跳蚤市場。雖然這裡的規模不比其他幾個大，卻是可以找到最多可愛雜貨和布製品等好東西的地方，而且還可以講價呢！我在這裡挖到的寶，從餐具到繪本、二手布、家具等，各式各樣的東西應有盡有，所以跳蚤市場對我來說，是一處能夠發現驚喜寶貝的好地方。

如果問我，什麼是巴黎最迷人的地方？

我想除了每年都會舉行的巴黎時裝週，以及新建築等，求新求變的潮流之外，這城市也會盡心保存別具歷史意義，具有時代性的東西，這就是巴黎的魅力所在。

對於從小便接觸不同環境與文化的我來說，能讓新舊文化兼容並蓄，包容世界不同人種與文化的巴黎，是一處住起來非常舒適的地方，也許這就是巴黎讓我著迷不已的原因吧！

《斷了氣》1959年 法國電影
導演／尚盧高達
主要演員／珍．西寶、尚保羅．貝蒙多
這是尚盧高達執導的第一部劇情長片。不但創新地使用手持十六釐米攝影機拍攝，反傳統跳接風格，堪稱法國新浪潮經典之片，也是電影劃時代的創新之作。

Peau d'Âne

這間深受女性喜歡的商店，位於從16區巴培街（Rue de Passy）拐進去的地方。店裡主要販售的是充滿法式風情的古董品，從小東西到家具應有盡有，也有彩繪的古董家具和雜貨。

3,rue Claude Chahu 75016 paris

Antoine et Lili

這間店面對聖馬丹運河的櫥窗設計，總是成為往來行人的注目焦點。因為是服飾、生活雜貨，以及咖啡館等，三間不同性質的店連在一起，所以目標明顯，很容易找。店內販售來自世界各國的生活雜貨、寢具等各式各樣的商品，也有不少亞洲進口的商品。

95,quai de Valmy 75010 Paris

Yukiko paris

位於Marais區公園前方的這間店，是由來自日本的Yukiko小姐經營的。雖然店內主要販售衣服和飾品，不過也有很多可愛的雜貨，還有一些古董精品，千萬別錯過哦！

97,rue Vieille du Temple 75003 paris
www.yukiko-paris .com

Les Touristes

這間位於Marais區的生活雜貨店，販售來自世界各國色彩豐富又可愛的雜貨。有很多亞麻製品，還有文具用品、飾品、餐具、家具等，各式商品琳瑯滿目，價格也很合理，送禮自用兩相宜。

17,rue des blancs manteaux 75004 paris
www.lestouristes.eu

Au petit bonheur la Chance

只要是巴黎的古董雜貨迷，一定都曉得這間店。雖然價格貴了一點，但貨色十分齊全。從生活雜貨、亞麻製品、到文具用品，應有盡有。這條街上還有其他古董雜貨店以及蕾絲專賣店，光是散散步，逛一逛也很有趣。

13,rue de st paul 75004 paris

BHV

巴黎知名的百貨公司。地下一樓專賣各式各樣木工用品，從螺絲起子到門把、壁紙、工具類等，貨色十分齊全，總是擠滿喜歡利用周末假日，動手做木工的法國人。雖然感覺很像法國版的東急Hands，不過因為是以法國製商品為主，搞不好能找到什麼稀奇貨色也說不定。其他樓層還有販售各種廚房用品。

14.rue du Temple 75004 paris　www.bhv.fr

GALERIE SENTOU

這間店專賣設計師設計的商品，分別在Marais區開了兩家店，Saint Germain區還有一家。店內空間十分寬敞，擺放著花瓶、燈具，以及大型家具等，有很多設計貼心又實用的商品，光看也很有樂趣。

24,rue du Pont Louis-Philippe 75004 paris

www.sentou.fr

BONTON

在巴黎已經開了兩間專賣童裝、雜貨的BONTON，最近又開了第三間店。來這裡購物的多是打扮入時的主婦和小朋友，寬敞的店內陳列著杯子、文具用品、繪本、布偶、玩具以及服飾等各種時尚用品，也有很多讓大人愛不釋手的雜貨。

118,rue Vieille du temple 75003 paris

www.bonton.fr

Le petit atlier de paris

這間店位於從Conter Pompidou稍微往前走，再拐進一條僻靜的街上。這間走可愛自然風的精品店，同時也是藝術家老闆的工作室。店內主要販售的是很有老闆個人風格，可愛又質樸的手工雕塑品與陶器等。

31,rue de montmorency 75003 paris

Petit pan

這間專賣童裝和小孩子用的雜貨的店，也是知名的風箏專賣店。店內天花板上裝飾著各種顏色的風箏，也陳設許多雕塑品以及原創品，所以光用眼睛看便覺得樂趣無窮。除此之外，也販售很多小孩子用的雜貨以及童裝，款式都很獨特、可愛。當然也有賣很多成人用的東西。

39,Francois miron 75004 paris

www.petitpan.com

ANGEL DES MONTAGNES

這是一位深居阿爾卑斯山中的女設計師，在巴黎開設的第一家專賣店。不管是床單、桌巾還是窗簾，她的刺繡和拼布作品多是以山為主題，走的是樸質又溫馨的設計風格，用的也是綿、麻、羊毛等天然素材。原創的織品最受歡迎，時常賣到缺貨。整間店洋溢著法式鄉村氣息。

10,rue jean du Bellay ile Saint Louis 75004 paris

SO FRENCH

小巧的店內陳列著來自Alsace和Provence的拿鐵杯、壺子、盤子等，各式各樣的餐具和廚房擦拭布，款式都可愛得叫人愛不釋手，絕對是值得一逛的雜貨店。漆成水藍色的店門口超可愛。

10,rue jean du Bellay 75004 paris

FRANCE MA DOUCE

由兩位年輕女性經營的店。店內販售的法式鄉村
風雜貨和食品（橄欖油、醬汁、鹹奶油等），都
經過兩個人嚴格挑選，品味超群的她們所挑選出
來的，當然都是品質佳又時尚的商品。有些商品
高貴不貴，很適合當伴手禮。

27,rue du Bourg Tibourg 75004 paris

La Croix&La Manière

這是喜歡手工藝品的人，絕對不能錯過的一家店。
有各式各樣使用法國傳統亞麻素材做成的亞麻製
品，尤其是來自Alsace的布，種類更是繁多。老闆
本身也寫過手工藝方面的書，閒暇時也會教人的樣
子。店內也有賣些像是小手袋、托特包、圍裙之類
的東西。

36,rue Faidherbe 75011 paris

國家圖書館出版品預行編目資料

巴黎幸福廚房 / hirondelle採訪撰稿；楊明綺譯.——
初版——臺北市：大田，101.06
面；公分.——（討論區；004）

ISBN 978-986-179-252-1（平裝）

1.家庭佈置 2.廚房 3.餐廳 4.法國巴黎

422.51   101007729

討論區 004

巴黎幸福廚房

攝影：山下郁夫
採訪撰稿：hirondelle
翻譯：楊明綺

出版者：大田出版有限公司
台北市106羅斯福路二段95號4樓之3
E-mail：titan3@ms22.hinet.net
http://www.titan3.com.tw
編輯部專線（02）23696315
傳眞（02）23691275
【如果您對本書或本出版公司有任何意見，歡迎來電】
行政院新聞局版台業字第397號
法律顧問：甘龍強律師

總編輯：莊培園
主編：蔡鳳儀　編輯：蔡曉玲
企劃統籌：李嘉琪　網路企劃：陳詩韻
校對：謝惠鈴／楊明綺
承製：知己圖書股份有限公司 ·（04）23581803
初版：2012年（民101）六月三十日
定價：新台幣 260 元

總經銷：知己圖書股份有限公司
（台北公司）台北市106羅斯福路二段95號4樓之3
電話：（02）23672044 · 23672047 · 傳眞：（02）23635741
郵政劃撥：15060393
（台中公司）台中市407工業30路1號
電話：（04）23595819 · 傳眞：（04）23595493

國際書碼：ISBN 978-986-179-252-1 / CIP：422.51 / 101007729
Printed in Taiwan

PARIS STYLE：SHIAWASENA KICHEN & DINNING
Copyright © 2007 up-on factory
Photograher：Ikuo Yamashita, Coordinator hirondelle
Writer & Editor：Takako Mori
All Rights Reserved.
Original Japanese edition published by UP-ON Ltd.
Complex Chinese Character translation rights arranged with UP-ON Ltd.
Through Owls Agency Inc., Tokyo.

wawa◎繪圖

讀 者 回 函

你可能是各種年齡、各種職業、各種學校、各種收入的代表，
這些社會身分雖然不重要，但是，我們希望在下一本書中也能找到你。

名字／＿＿＿＿＿＿＿＿ 性別／□女 □男 出生／＿＿＿年＿＿月＿＿日

教育程度／

職業：□ 學生□ 教師□ 內勤職員□ 家庭主婦 □ SOHO族□ 企業主管
　　　□ 服務業□ 製造業□ 醫藥護理□ 軍警□ 資訊業□ 銷售業務
　　　□ 其他＿＿＿＿＿＿＿＿＿＿＿＿＿＿＿＿＿＿＿＿＿＿＿＿

E-mail／＿＿＿＿＿＿＿＿＿＿＿＿ 電話／＿＿＿＿＿＿＿＿＿＿＿＿

聯絡地址：

你如何發現這本書的？　　　　　　　　　　　書名：巴黎幸福廚房

□書店閒逛時＿＿＿＿＿書店 □不小心在網路書站看到（哪一家網路書店？）＿＿＿＿
□朋友的男朋友(女朋友)灑狗血推薦 □大田電子報或編輯病部落格 □大田FB粉絲專頁
□部落格版主推薦 ＿＿＿＿＿＿＿＿＿＿＿＿＿＿＿＿＿＿＿＿＿＿＿＿＿＿
□其他各種可能，是編輯沒想到的 ＿＿＿＿＿＿＿＿＿＿＿＿＿＿＿＿＿＿＿＿

你或許常常愛上新的咖啡廣告、新的偶像明星、新的衣服、新的香水……
但是，你怎麼愛上一本新書的？

□我覺得還滿便宜的啦！ □我被內容感動 □我對本書作者的作品有蒐集癖
□我最喜歡有贈品的書 □老實講「貴出版社」的整體包裝還滿合我意的 □以上皆非
□可能還有其他說法，請告訴我們你的說法

＿＿＿＿＿＿＿＿＿＿＿＿＿＿＿＿＿＿＿＿＿＿＿＿＿＿＿＿＿＿＿＿＿＿＿

你一定有不同凡響的閱讀嗜好，請告訴我們：

□哲學 □心理學 □宗教 □自然生態 □流行趨勢 □醫療保健 □ 財經企管□ 史地□ 傳記
□ 文學□ 散文□ 原住民 □ 小說□ 親子叢書□ 休閒旅遊□ 其他＿＿＿＿＿＿＿＿＿

你對於紙本書以及電子書一起出版時，你會先選擇購買

□ 紙本書□ 電子書□ 其他＿＿＿＿＿＿＿＿＿＿＿＿＿＿＿＿＿＿＿＿＿＿＿

如果本書出版電子版，你會購買嗎？

□ 會□ 不會□ 其他＿＿＿＿＿＿＿＿＿＿＿＿＿＿＿＿＿＿＿＿＿＿＿＿＿

你認為電子書有哪些品項讓你想要購買？

□ 純文學小說□ 輕小說□ 圖文書□ 旅遊資訊□ 心理勵志□ 語言學習□ 美容保養
□ 服裝搭配□ 攝影□ 寵物□ 其他 ＿＿＿＿＿＿＿＿＿＿＿＿＿＿＿＿＿＿＿

請說出對本書的其他意見：

大田出版有限公司編輯部 感謝您！

廣 告 回 郵
北區郵政管理局登
記證北台字1764號
免 貼 郵 票

From：地址：..

　　　　姓名：..

To： **大田出版有限公司　編輯部收**

地址：台北市 106 羅斯福路二段 95 號 4 樓之 3

電話：(02) 23696315-6　　傳真：(02) 23691275

E-mail：titan3@ms22.hinet.net

大田精美小禮物等著你！

只要在回函卡背面留下正確的姓名、E-mail和聯絡地址，

並寄回大田出版社，

你有機會得到大田精美的小禮物！

得獎名單每雙月10日，

將公布於大田出版「編輯病」部落格，

請密切注意！

大田編輯病部落格：http：//titan3.pixnet.net/blog/

智　慧　與　美　麗　的　許　諾　之　地